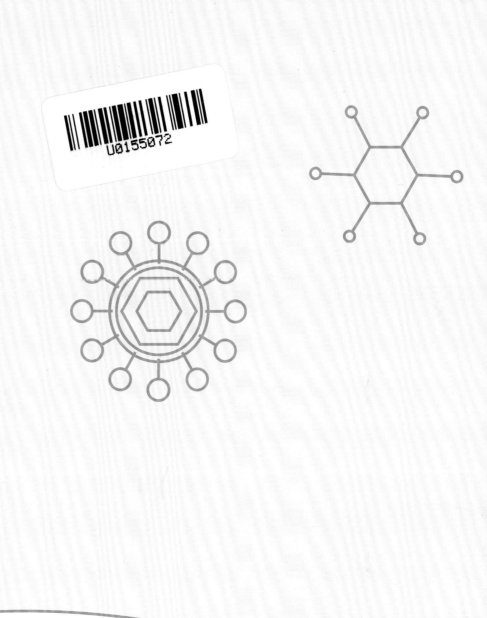

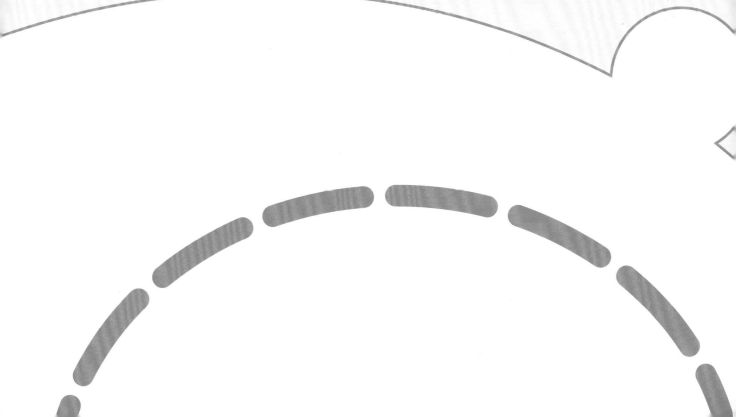

我是小蓝，我们交个朋友吧！

中国科学院科普专项资助

细胞总动员

周 琪 李天达◎著 一 竹◎绘

科学普及出版社
·北 京·

在成长中植入探索基因

　　儿时的我们，经常会追着父母问："天上为什么会下雨？""为什么小鸭子会游泳，而小鸡却不会？"我们也曾久久地蹲在草丛中观察蚂蚁如何搬运食物，甚至还会趁着父母不在家，把小闹钟、收音机等电器拆得七零八落——即便最后再也不能组装好，但却获得了探索未知的极大满足。

　　正在阅读这本书的小读者，也许你有着与我们儿时相似的经历，也许你还有更加天马行空的好奇……我相信，每一个怀着好奇心、享受着探索乐趣的孩子都是小科学家，每一个"为什么"、每一次向未知领域迈出的步伐，都是探索者成长过程中的历练，也是探索者成长为创造者的进阶。

　　《细胞总动员》就是几位科学家陪伴小读者开启的一次科学探索之旅。微小但却浩瀚——这样来描述细胞一点也不矛盾。在细胞的小宇宙中，数十亿个精巧的机构井然有序地运转着，当外敌突然入侵，各种身怀绝技又性格迥异的细胞陆续登场——忧郁的艺术家中性粒细胞，快乐的吃货巨噬细胞，欢脱的小萌娃 B 细胞……它们将与入侵人体的病毒上演一场怎样惊心动魄的大战？

　　亲爱的小读者，如果你在读完本书之后，有些问题迎刃而解，同时又有新的疑问萌发出来，那就是我们作为作者最感欣慰的事了。真实的微观世界远比绘本中的更加精彩，真实的对微观世界的探究也远比绘本故事更加激动人心、精彩纷呈。欢迎你和我们一起，继续对未知领域的探索！

2020 年 6 月

致 谢

感谢中国科学院动物研究所／中国科学院干细胞与再生医学创新研究院刘光慧研究员、赵同标研究员和华中农业大学曹罡教授，对本书涉及的科学原理、知识体系和呈现形式给予严格的把关和指导！

感谢著名语言艺术家、本书艺术顾问虹云、刘纪宏和悦读指导郑贤兰等专家对有声读物创作开发工作的悉心指导！感谢中央广播电视总台主持人王驿对有声读物精彩生动的演绎！

感谢未来领导力学校段玉佩从科学教育专家视角出发，为本书规划的寓教于乐的拓展课程！

感谢中国科学院动物研究所博士研究生徐亚男、黄橙等给出的融科学性、艺术性于一体的中肯建议！

感谢中国科学技术出版社（科学普及出版社）郑洪炜主任对本书出版工作的协调推动！

目 录

细胞里的星辰大海

在遥远的数十亿年之前，在地球温暖的海洋中，孕育了这颗蓝色星球上的第一种生命类型——单细胞生命。在此后漫长的演化历程中，单细胞生命进化出了由众多细胞共同组成的复杂的多细胞生命，这些生命从海洋登上陆地，又从陆地拓展到天空，繁衍出今天这个生机盎然的生命世界。

在这条绵延的演化链上，人类，无疑是组成结构最复杂的一个物种。人体由近百万亿个细胞组成，在每个细胞里又有数十亿个微型部件在日夜工作。如果把人体看作一个小宇宙，那细胞就是宇宙中的星系，在微小细胞里的景象，其实也如星辰大海般辽远壮阔。

1

祥和的世界

　　这里就是人类细胞的世界。

　　透明的细胞膜就像一道坚固的城墙，成为保护细胞的天然屏障。水和氧气可以自由地穿墙而入，个头儿大一些的营养物分子要走专属通道进入细胞，而体型更大的访客则要凭借特制的"钥匙"才能进入。

　　位于细胞中心的是掌控细胞世界的最强大脑，也是细胞的指挥中心——细胞核。细胞核里储存着DNA，整个细胞世界都要依照DNA指令才能有序地运行。

　　线粒体是细胞世界的能源工厂，它提供的能量支撑着细胞内各个组件的运转。

　　数以亿计的蛋白质，就像肩负不同职责的工作人员，日夜不休地忙碌着。

指挥阁

H₂O

3

不速之客

　　细胞犹如一块块生命的基石，构建起人体的大厦，如果细胞遭到破坏，那么人体这座建筑也会摇摇欲坠。而惦记着进驻人体细胞这个祥和家园的不速之客，还真不少呢！病毒就是其中的一个族群。

　　和人体复杂精妙的构造不同，病毒的构造简单得近乎简陋——蛋白质外壳包裹着一段基因组，这基本就是病毒的全部。病毒的个头儿不足人类细胞的千分之一，它也不能靠自己的力量繁殖后代，要想延续族群就只有一个办法——侵入人体或其他生命体的细胞，把那里变成自己的复制"车间"。

　　为了达到这个目的，病毒在数十亿年的演化过程中练就了不少过硬的本领：它们是"易容"高手，还是出色的"开锁匠"……每种病毒都有自己的拿手绝活儿。

坚固的城防

这里就有一支蓄势待发的病毒军团，它们正在寻找繁殖后代的理想车间。在漫长的演化进程中，它们曾不止一次地企图潜入人体的细胞，但一直没有成功。现在，当完成了新一轮"技能进阶"之后，它们将向自己的目标再次发起攻击。

怎样才能攻破人体的城防呢？对病毒来说，人体的皮肤、眼睛、鼻子、嘴……都是它们可以选择的进击路线。

不过，设计精巧的人体为了避免外敌的入侵，也构建了层层防线。第一道防线就是皮肤，皮肤的最外层是主要由死细胞组成的角质层，对病毒而言，这是一道极难突破的城防。

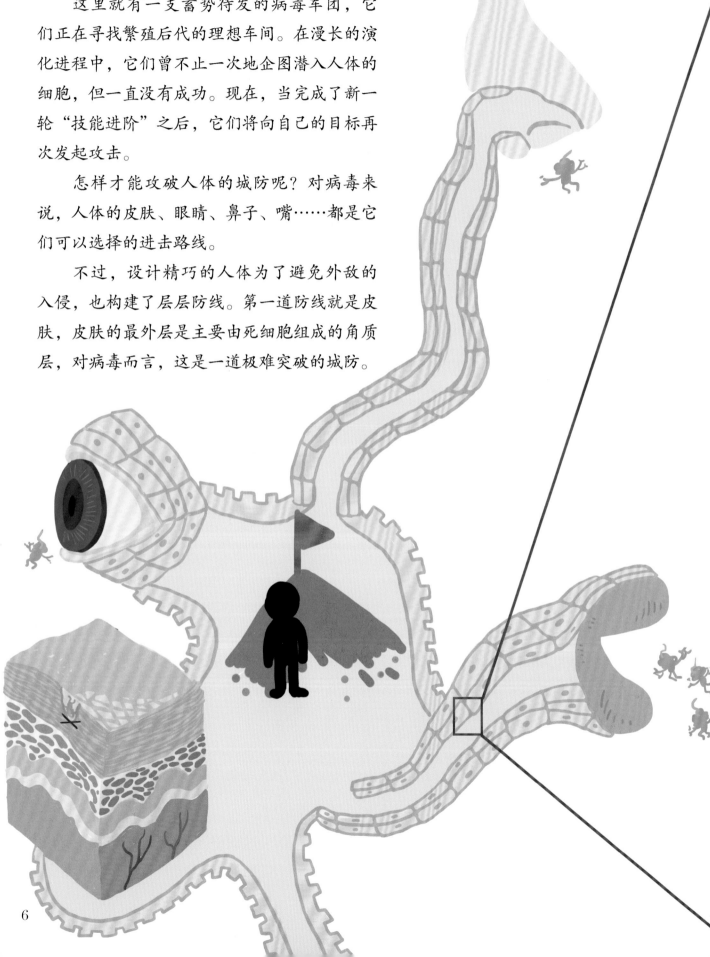

湿漉漉的扫荡

在第一道防线遇阻的病毒并没有放弃，它们选择从鼻子、嘴和眼睛潜入人体。这几个部位一旦缺少防护，就给了病毒可乘之机。不过，我们的人体也层层设防，在前方等待病毒的还有人体的第二道防线。

当到达人体的咽喉部时，病毒大军遭遇了一场湿漉漉的扫荡。咽喉部的黏膜上覆盖着又湿又稠的黏液，行军至此的病毒像踏进了沼泽地，推进速度大打折扣。黏膜还有一招杀手锏——遍布在黏膜上的纤毛像一把把舞动的扫帚，把病毒连同其他需要清理的异物扫进咽喉。从咽喉顺着食道流到胃里的病毒，被扑面而来的胃酸逮个正着，在这里，胃酸的腐蚀作用把它们搞得丢盔卸甲，完全丧失了战斗能力。

向细胞逼近

经历了人体的一道又一道防线，病毒军团已经折损大半，但那些突破了防线的病毒仍然在向进攻的目标——细胞，一步步逼近。

此时的细胞，依然在按照细胞核内的DNA指令井然有序地运行着。在厚厚的细胞膜上，不计其数的受体蛋白像往常一样忙碌着，它们各司其职：有的负责采集和传递信息，有的负责运输物资，有的负责巡逻检查。

像病毒这样大块头儿的访客，进入细胞是有一定难度的，它们需要凭借特制钥匙才能进入。病毒在漫长的演化过程中，逐渐学会了配制各种钥匙的本领，这些钥匙，有的能打开植物细胞的大门，有的能打开动物细胞的大门，而这支病毒军团，要用手中的钥匙打开人体细胞的大门。它们为此尝试过无数次，也失败过无数次，但是这一次，它们成功了！

这是第七七四十九把钥匙。

目标就在眼前

　　踏进细胞的大门，病毒完成了这次攻击中至关重要的一步。不过，细胞内部的安检比细胞膜外的巡逻检查还要严格。溶酶体就像一个不断喷出酸性消毒液的安检站，对所有受检者从头到脚消毒一遍。大批病毒都禁不起酸性消毒液的考验，但也有一小部分狡猾地利用了外层盔甲的作用，像金蝉脱壳一样逃出安检站。它们中的一支小分队劫持了马达蛋白作为交通工具，一路上左躲右闪地躲过防御蛋白的稽查，向着细胞核挺进。

　　终极目标就在眼前！为了从狭小的核孔挤进细胞核，病毒使出了破釜沉舟的一招——不惜把自己的身体撕裂，也要让体内的遗传物质进入细胞核。

病毒的克隆军团

现在，侵入细胞核的那一小段病毒的遗传物质开始在细胞核里横行霸道了。它打起了篡改DNA指令的主意，在人体原有的DNA上增加了几条自己的指令，让整个细胞世界成为自己的生产车间，开始不停地复制病毒。

细胞世界里的数十亿个机构依然如往常一样忙碌着，不过这个忙碌的细胞已经成为病毒加工厂，用不了多久，在侵入人体过程中折损大半的病毒军团，就会在这里重新组建起来。

十万火急

　　细胞核已经意识到无力回天，它现在唯一能做的就是发出警报。十万火急！它火速派出通信兵信使囊泡。

　　在这危急关头，信使囊泡肩负着一项特殊使命：它要将病毒的抗原信息传到细胞膜表面。这是细胞在被攻陷之后，在自己身上画出的一个显示"危险"的标记。

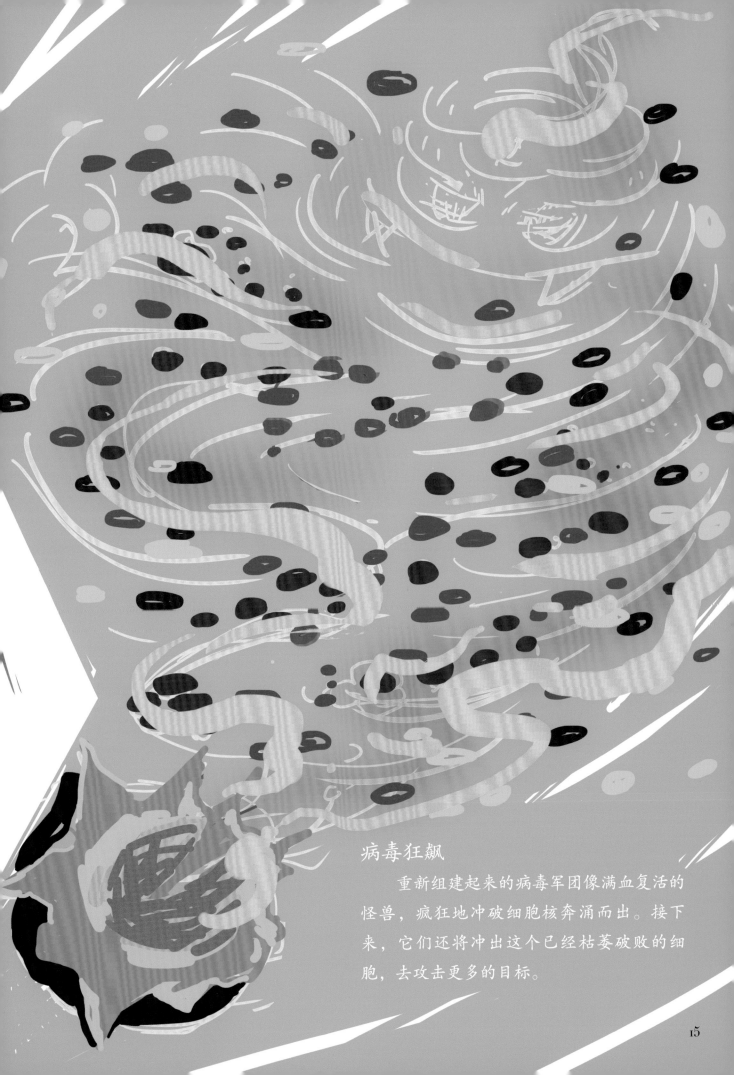

病毒狂飙

　　重新组建起来的病毒军团像满血复活的怪兽，疯狂地冲破细胞核奔涌而出。接下来，它们还将冲出这个已经枯萎破败的细胞，去攻击更多的目标。

急急如律令

从被病毒入侵的那一刻起，人体就启动了防御程序。随着病毒的步步深入，人体会产生一系列炎症反应，虽然这些反应会让人觉得不太舒服，但其实都是为了对抗病毒：打喷嚏、流鼻涕、咳嗽，是为了把鼻咽部的病毒冲刷出来；发烧，是因为病毒害怕高温，人体在努力制造一种不适合病毒生存的环境。

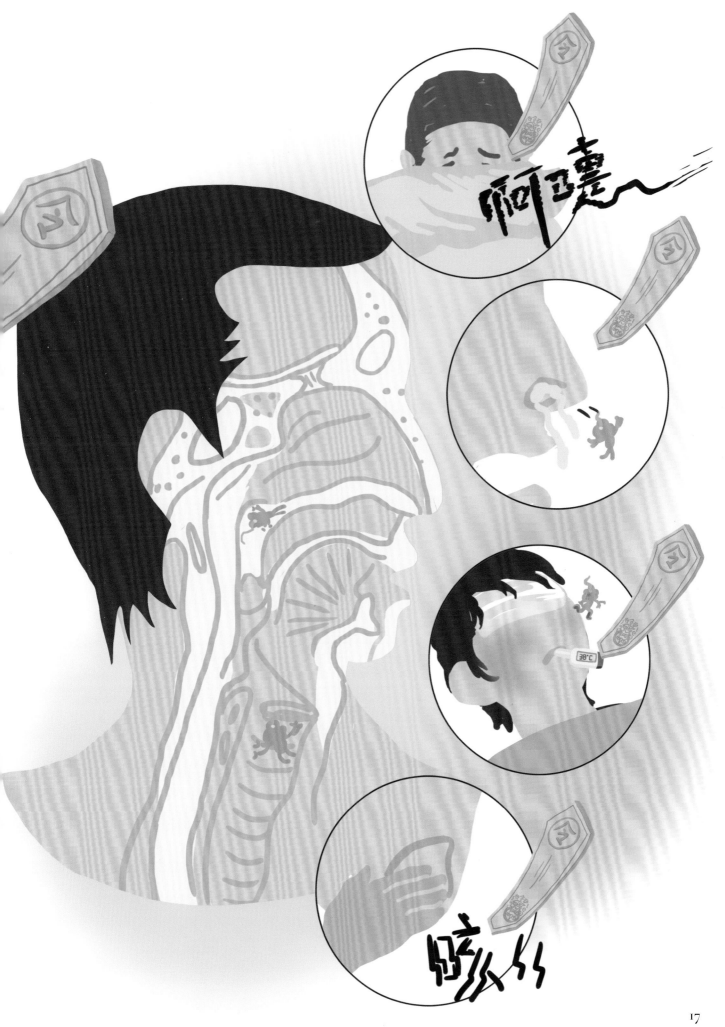

紧急应战

外敌入侵，人体的免疫系统立即进入战斗状态，NK细胞、中性粒细胞、巨噬细胞三支先锋部队迅速集结，奔赴战场。

NK细胞是人体免疫细胞中的"拆迁队"，它的必杀技是"拆"。它左手拿着钳子，右手握着锤子，看到被病毒感染的细胞就一通猛拆，把细胞拆掉，把里面的病毒赶出来，让其他免疫细胞把病毒吃掉。

中性粒细胞、巨噬细胞这两支队伍虽然番号不同，但它们的攻击技能却很相像，都是一个字——吃！中性粒细胞是一种自我牺牲式的吃法，吃完病毒就与它们同归于尽了。巨噬细胞则是什么都吃，灰尘、细菌、病毒……只要是进入人体的异物，统统成为它碗里的菜。

好……撑……啊！

烽烟四起

不过，当病毒蜂拥而至，也有巨噬细胞实在吃不下、消化不了的时候。看来光靠吃是吃不净病毒了，于是巨噬先锋果断地发出化学烟雾信号——趋化因子，召唤更多免疫细胞部队赶来，信号像被点燃的烽火一样传向全身。

大部队的进场将病毒的火力扼制住了一些。但是病毒军团数量庞大、来势凶猛，也不断有援军入场。双方打得难分难解。

再出奇招

　　必须再出奇招，才能克敌取胜！人体的免疫系统火速派出侦察兵树突状细胞到战场上研究战况，制订新的作战计划。

　　这是一处刚刚结束了一次小规模交火的战场，硝烟尚未散尽，似乎一点小小的风吹草动都能让战火瞬间被重新点燃。树突状细胞小心翼翼地勘察着战场，仔细选好一块病毒碎片，带着它迅速离去。这可不是一块普通的碎片，这里面记录着病毒军团重要的抗原信息。

召唤特种部队

　　淋巴结，这里就是即将诞生新的作战计划的地方。这里储备着数以亿计的T细胞和B细胞，它们是免疫系统的特种部队，每种细胞都身怀绝技，能够针对不同病毒使出杀手锏。在没有任务的时候，它们处于沉睡状态，树突状细胞要做的，就是用从战场上带回的病毒抗原进行比对，从特种部队中找到这种病毒的克星，唤醒它们投入战斗。

特警驰援

　　被病毒抗原唤醒的T细胞和B细胞开始迅速繁殖后代，组建特警军团。T细胞军团由两支纵队组成：杀伤纵队和辅助纵队。

　　杀伤纵队堪称免疫军团中绝对的主力部队，它们的任务是攻击被病毒占领的细胞，那些细胞在自己的细胞膜上画上了"危险"的标记，相当于为杀伤纵队提供了射击标靶。杀伤纵队不仅能像NK"拆迁队"那样把感染的细胞拆毁，还能让细胞坍缩成一团，把里面的病毒紧紧包住。这些装满病毒的"大馅包子"，最对巨噬细胞的胃口了！有了T细胞军团的火力支援，巨噬先锋的"吃功"威力陡增。

27

决战时刻

　　杀伤纵队威风八面，那辅助纵队呢？它们又去了哪里？原来，它们承担了一项技术含量极高的任务——协助B细胞军团展开化学攻击。它们帮助B细胞军团迅速繁殖出大量后代，组建起一支化学部队。这支部队的绝活儿是吐"泡泡"，这可不是一般的肥皂泡，而是专门针对病毒的抗体，是根据病毒抗原配制的"解药"。这些抗体要么紧紧裹在病毒的特制钥匙上，让它们无法打开细胞的大门；要么粘在病毒身上，让巨噬细胞更方便地发现自己的大餐；要么粘在被病毒感染的细胞上，让NK"拆迁队"能够迅速发现目标并使出必杀技。

免疫军团的荣光

在免疫军团的合力围攻之下，病毒节节溃败。这场细胞对病毒的阻击战，终于迎来胜利的曙光。T细胞军团和B细胞军团又分别派出小分队，去采集病毒的信息，详细记录在案。这些小分队将作为记忆T细胞和记忆B细胞，在未来担当起"人体哨兵"的角色，如果这种病毒再次攻击人体，这些哨兵会立刻唤醒特种部队，使免疫军团在病毒侵入人体的初期就能实施精准打击，杀敌于无形。

硝烟散尽

　　战争的硝烟终于散尽，这次病毒对人体的攻击，最终以免疫系统的快速应战和大获全胜而告终。新的细胞开始生长，人体的各种不舒服的体感渐渐消失，机体开始了战后的重建。

　　不过，并非每次人体细胞与病毒的战争都以人类的胜利而告终。即使人类拥有更充足的作战装备，比如疫苗、药物，人类和病毒在交手中也仍然互有胜负，并在这种输赢的交替中相伴而行。

永不结束的故事

虽然与高居演化树顶端的人类相比，病毒只是一个非常不起眼的小不点儿，在人类构建的演化树上，甚至没有它的位置，但它在地球上的历史却比人类长数十亿年，并且是人类进化中的一个关键角色。我们的老祖先——早期哺乳动物正是利用了病毒的部分基因，才逐渐演化出了胎盘，而当人体还在母亲体内孕育时，正是依靠胎盘的保护才能免受各种病原体的侵害，最终健康地诞生到这个世界上。

与病毒漫长的演化史相比，人类的历史只是一个短暂的瞬间，但聪明的人类已经学会把病毒作为工具，用来改造农作物等其他生命体，为自己创造更理想的生存环境。

在人类的基因组里，留下了成千上万种病毒基因的印记，每一个印记的背后，都记录着一段人类与病毒协同进化的故事。同样的，人类也用自己的活动为地球生命留下了无数印记，这些印记的背后，又是怎样的故事？

人与自然的故事，永远不会结束。

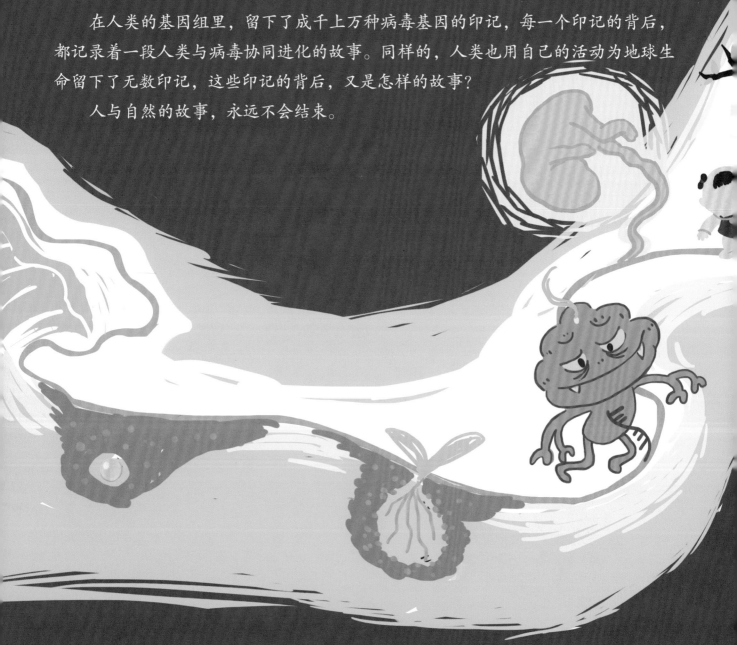

致爱思考的小脑袋瓜儿

你好啊，爱思考的小脑袋瓜儿！

当你从活泼的文字和生动的图画中穿梭而过后，有没有恍然大悟？哦，原来在我们人类的身体中，有这么多身怀绝技的细胞在捍卫我们的健康；原来那小到肉眼看不到的病毒小蓝，居然暗藏杀机，不容小觑。

你的小脑袋瓜儿里，有没有产生更多新的疑问？所有的病毒都是大坏蛋吗？答案是否定的，就拿一类叫作"噬菌体"的病毒来说，它们因为可以杀灭某些细菌而得名，是我们人类的朋友。我们身体中有这么多厉害的细胞卫士，是不是就不用花大力气发展医药了呢？当然也不是——恰恰是现代医药的发展才让如今人类的平均寿命比一百年前延长了将近一倍。那么，是不是有病吃药、打针就好了？给自己身体中的细胞战士放放假，多好啊！也不行，人体其实是一个"小宇宙"，健康的本质在于其内部的动态稳定……相信你还有很多这样那样的疑问。你看，我们是不是应该对自己的身体有更深入、更清晰的了解呢？

所谓学习，就是你不断思考、不断发问、不断找寻答案、不断验证答案的过程。现在的你，已经将《细胞总动员》"读薄"了，相信你已经可以把其中的故事复述出来了，接下来你要做什么呢？你需要把书再"读厚"，去追寻由阅读而产生的一连串问题的更好答案，不断地去问"为什么"。

这封写给你的信，同时也是一封邀请函，邀请你加入"把书读薄，再把书读厚"的科学课程的邀请函。

在这套课程中，我们会去探寻：你到底从哪里来？你为什么是你？大家也会一起讨论：为什么孙悟空打不过如来佛？为什么金刚狼不生病？咱们还可以一起畅想：人可以长生不老吗？流浪地球计划如果真的实施，我们该做哪些准备……

爱思考的你，准备好迎接更多未知了吗？让我们一起来，走进《细胞总动员》科普课程吧！

《细胞总动员》创作团队

结构
免疫系统
的健康

人体的
其他系统

人体的
免疫系统

功能

真菌

病毒

寄生虫

细菌

衣原体

共生

益生菌

人体的
组织层次

健康生活

人的生殖

人类
的演化

生命
演化历程

共生

病原
微生物

人体
微生物组

演化论

种群

生态
系统

人体
的组成

人的由来

群落

生命的演化

个体

生理学

微生物学

生态学

演化生物学

细胞
总动员

科普活动召集令

亲爱的小朋友，祝贺你完成了这场细胞与病毒大战的体验！

回顾这次奇妙的旅程，你是否还记得狡猾的病毒小蓝、威武的T细胞大侠，还有萌胖可爱的B细胞呢？

相信你已经体会到细胞世界的丰富多彩，那么，是时候开动脑筋、放飞想象力，和本书作者一起，开启一场属于你的探索了！

现在就出发吧！

 集合地点：微信公众号"醉心科学"
（ID：zuixinkexue）

醉心科学
Frontiers of Science

口令 #打破砂锅——问到底#

 参与方式 只要在微信公众号"醉心科学"菜单栏中的"打破砂锅"栏目中，留言提出你想要了解的关于细胞、病毒、人体、自然……的问题，就有机会与本书作者互动交流。

赠送装备 喜马拉雅APP《细胞病毒大作战》有声读物

图书在版编目(CIP)数据

细胞总动员 / 周琪，李天达著. — 北京：科学普及出版社，2020.9（2023.4重印）
ISBN 978-7-110-10114-8

Ⅰ. ①细… Ⅱ. ①周… ②李… Ⅲ. ①细胞－普及读物 Ⅳ. ①Q2-49

中国版本图书馆CIP数据核字(2020)第105195号

策划编辑	郑洪炜
责任编辑	郑洪炜
封面设计	一　竹
正文设计	一　竹
排版制作	金彩恒通
责任校对	吕传新
责任印制	徐　飞

出　　版	科学普及出版社
发　　行	中国科学技术出版社有限公司发行部
地　　址	北京市海淀区中关村南大街 16 号
邮　　编	100081
发行电话	010-62173865
传　　真	010-62173081
网　　址	http://www.cspbooks.com.cn

开　　本	889mm×1194mm　1/16
字　　数	50 千字
印　　张	3.25
印　　数	15001—18000 册
版　　次	2020 年 9 月第 1 版
印　　次	2023 年 4 月第 3 次印刷
印　　刷	北京博海升彩色印刷有限公司
书　　号	ISBN 978-7-110-10114-8/Q・253
定　　价	49.80 元

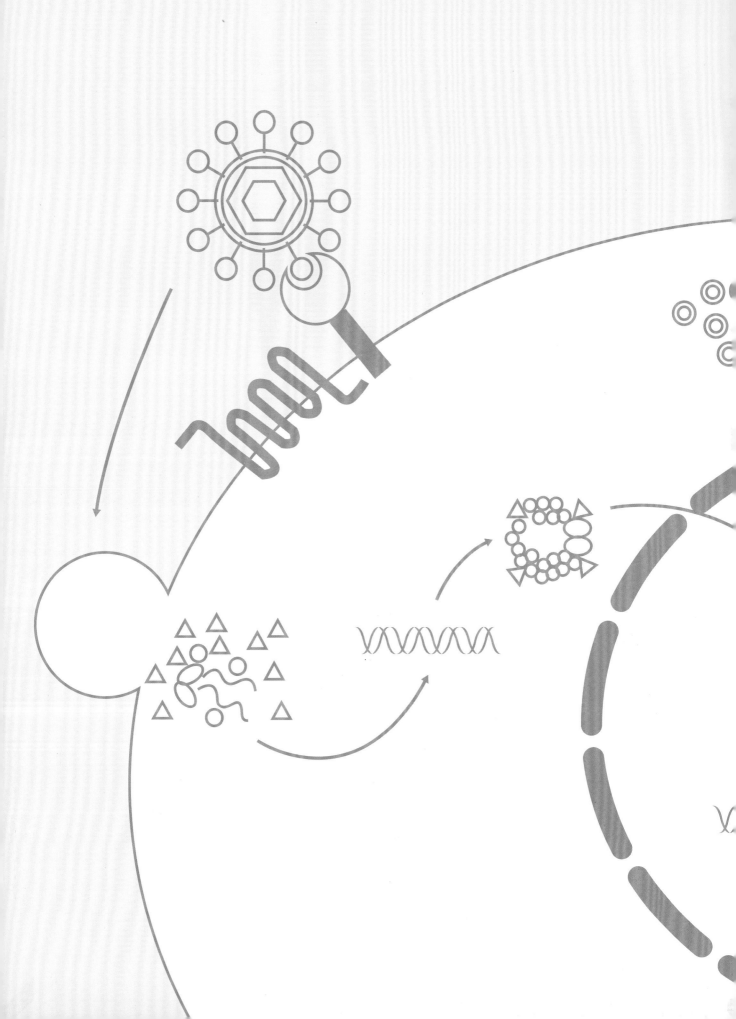